ENCYCLOPÉDIE
ONNAISSANCES AGRICOLES

L. BONNÉTAT

Plantes textiles

Lin, Chanvre, etc.

HACHETTE & Cie

50 c.

LIBRAIRIE HACHETTE & Cie, PARIS

AD. WURTZ

DEUXIÈME SUPPLÉMENT

AU

DICTIONNAIRE DE CHIMIE

PURE ET APPLIQUÉE

PUBLIÉ SOUS LA DIRECTION DE

CH. FRIEDEL	C. CHABRIÉ
Membre de l'Institut Académie des Sciences (Lettres A à H)	Chargé de cours à la Faculté des Sciences de l'Université de Paris. (Lettres H à Z)

AVEC LA COLLABORATION DE MM.

V. Auger — E. Baud — G. Baume — M. Billy — A. Binet du Jassonneix G. Blanc — A. Bouchonnet — L. Bourgeois — A. Bouzat — R. Cambier P. Carré — Mme C. Chabrié — L. P. Clerc — G. Darier — E. Defacqz M. Delacre — M. Delépine — A. Ditte (de l'Institut) — H. Duval A. Fernbach — H. Fonzes-Diacon — R. de Forcrand — P. Freundler G. Friedel — J. Friedel — A. Gautier (de l'Institut) — H. Giran — A. de Gramont — A. Granger — M. Guichard — Ph. A. Guye — A. Haller (de l'Institut) — J. Hamonet — A. Hébert — E Lambling — Ch Lauth J. Lavaux — P. Lebeau — G. Lemoine (de l'Institut) — P. Lemoult L. Lindet — A. et F. Lumière — A. Mailhe — F. March — Ch. Marie R. Marquis — C. Martine — C. Matignon — R. Metzner — H. Moissan (de l'Institut) — M. Moniotte — Ch. Moureu — A. Müntz (de l'Institut) — A. Rigaut — P. Sabatier — J.-B. Senderens — A. Seyewetz — V. Thomas — M. Tiffeneau — L. Troost (de l'Institut) — G. Urbain — A. Valeur — L. Vigouroux — A. Wahl — R. Wurtz.

E. RENGADE, Secrétaire de la Rédaction

En cours de publication par fascicules grand in-8 à 2 francs

En vente (Janvier 1907)

Tome Ier (A-B)	1 vol. broché	20 fr.	Tome III. (D-E)	1 vol. broché	20 fr.
— IIe (C)	— —	20 fr.	— IV. (F-G)	— —	24 fr.

Tome V (H). 1 vol. broché. . . . . 16 fr.

La demi-reliure en veau, plats papier, se paye en sus 3 fr. 50 par vol.

Le Deuxième Supplément au Dictionnaire de Chimie sera terminé très rapidement.

Il comprendra environ 70 fascicules, soit 7 volumes in-8 ; 60 fascicules sont en vente : la publication complète sera terminée avant le 1er Octobre 1908.

ENCYCLOPÉDIE AGRICOLE PRATIQUE

Les Plantes textiles

Lin, Chanvre, etc.

Encyclopédie Agricole Pratique

PUBLIÉE PAR UNE RÉUNION DE MEMBRES DE L'ENSEIGNEMENT AGRICOLE

SOUS LE PATRONAGE DE MM.

ADOLPHE CARNOT Membre de l'Institut. | **ED. MAMELLE** Sous-Directeur de l'Agriculture.

ET SOUS LA DIRECTION DE

E. CHANCRIN
Ingénieur agronome, Directeur d'Ecole d'Agriculture.

Les volumes parus sont indiqués par un astérisque ✶

I. — NOTIONS GÉNÉRALES SUR LES SCIENCES APPLIQUÉES A L'AGRICULTURE

✶ **Chimie générale appliquée à l'Agriculture,** par E. Chancrin, Directeur de l'École de viticulture et d'agriculture de Beaune. Un vol. 2 50

✶ **Chimie agricole,** par E. Chancrin, Directeur de l'Ecole de viticulture et d'agriculture de Beaune. Un vol. 2 50

Physique et météorologie agricole. Un vol. . . . . . » »

Histoire naturelle générale. Un vol. . . . . » »

Zoologie agricole. Un vol. . . . . » »

Botanique agricole. Un vol. » »

Géologie agricole. Un vol. » »

Microbiologie agricole. Un vol. . . . . » »

II. — AGRICULTURE

Agriculture générale (Culture et amélioration du sol), par M. Ed. Rabaté, Professeur départemental d'agriculture de Lot-et-Garonne. Un vol. . . . . » »

Agriculture spéciale. Un vol. . . . . » »

Les Céréales, par A. Desriot, Directeur de l'Ecole d'agriculture de l'Allier. Un vol. (*Sous presse*). » »

Les Prairies, par M. Malpeaux, Directeur de l'Ecole d'agriculture de Berthonval. Un vol. . . . . (*Sous presse*). » »

Les Plantes sarclées (Betterave, pomme de terre, etc.), par M. Malpeaux, Directeur de l'Ecole d'agriculture de Berthonval. Un vol. . . . . (*Sous presse*). » »

Les Plantes industrielles. Un vol. . . . . (*Sous presse*). » »

Les Plantes oléagineuses, par M. Malpeaux, Directeur de l'Ecole d'agriculture de Berthonval. Un vol. . . . . » »

✶ *Les Plantes textiles*, par L. Bonnétat, Professeur à l'Ecole d'agriculture de la Vendée. Un vol. . . . . » 50

Le Tabac, par F. de Confevron, Vérificateur de la culture des tabacs. Un vol. . . . . » »

Le Houblon, par A. Moreau, Professeur de brasserie à l'Ecole nationale des industries agricoles de Douai. Un vol.. . . . . » »

Culture potagère. Un vol. » »

Arboriculture. Un vol. . . . . » »

✶ **Viticulture moderne,** par E. Chancrin, Directeur de l'Ecole de viticulture et d'agriculture de Beaune. Un vol. 2 50

✶ **Forêts, Pâturages et Prés-Bois.** **Économie Sylvo-Pastorale** par A. Fron, Inspecteur adjoint des Eaux et Forêts, Professeur à l'Ecole forestière des Barres. Un vol. 1 50

Encyclopédie Agricole Pratique

(*Suite*)

★ Industries agricoles. Un vol. . . . . 10 »

★ *Le Blé, la Farine, le Pain*. Étude pratique de la meunerie et de la boulangerie par Ed. Rabaté, Professeur départemental d'agriculture de Lot-et-Garonne. Un vol. . . . . » 75

★ *Le Vin*. Procédés modernes de préparation, d'amélioration et de conservation, par E. Chancrin, Directeur de l'Ecole de viticulture et d'agriculture de Beaune. Un vol. 1 50

★ *Le Cidre*. Guide pratique de production et de préparation par P. Touchard, Directeur de l'Ecole d'agriculture de la Vendée. Un vol. 1 25

★ *Le Sucre*, Procédés de fabrication et utilisation de sous-produits par G. Pagès, Maître de conférences à l'École nationale d'agriculture de Montpellier. Un vol. . . . . » 50

★ *La Bière*, Procédés modernes de préparation et utilisation de sous-produits. par A. Moreau, Professeur de brasserie à l'École nationale des Industries agricoles de Douai. Un vol. . . . . » 50

★ *Les Eaux-de-vie et les Alcools*, Guide pratique du Bouilleur de cru et du Distillateur, par G. Pagès, Maître de conférences à l'École nationale d'agriculture de Montpellier. Un vol. 1 50

★ *Les Essences et les Parfums*, Extraction et fabrication, par A. Rolet, Professeur à l'École d'agriculture d'Antibes, suivi de l'**Essence de térébenthine**, par Ed. Rabaté, Professeur départemental d'agriculture de Lot-et-Garonne. Un vol. 1 25

★ *Laiterie, Beurrerie, Fromagerie*, par V. Houdet, Directeur de l'Ecole nationale des industries laitières à Mamirolle. Un vol. 1 25

★ *Huilerie agricole*, par P. d'Aygalliers. Professeur à l'Ecole d'agriculture d'Oraison. Un vol. . . . . » 75

★ *Les Matières textiles* (Voir le fascicule *Les Plantes textiles* dans l'Agriculture spéciale).

★ *Les Conserves alimentaires* (fabrication ménagère et industrielle), par L. Lavoine, Professeur à l'École d'agriculture de l'Allier. Un vol. 1 80

III. — LES ANIMAUX

Les Insectes utiles et les insectes nuisibles à l'Agriculture (Entomologie agricole). Un vol. . . . . » »

Les Abeilles. Petit traité d'Apiculture pratique. Un vol. . . . . . . » »

Les Poissons. Petit traité de Pisciculture pratique. Un vol. . . . » »

Les Oiseaux de basse-cour. Petit traité d'Aviculture pratique. Un vol. . . . . » »

Le Ver à soie. Petit traité de Sériciculture pratique. Un vol . . » »

Les Animaux domestiques (Zootechnie). Un vol. . . . . . » »

Le Cheval et l'Ane. Un vol. . . . . » »

Le Bœuf. Un vol. . . . . » »

Le Mouton et la Chèvre. Un vol. . . . . » »

Le Porc. Un vol. . . . . » »

IV. — GÉNIE RURAL

Notions sur les constructions rurales. Un vol. . . . » »

Machines agricoles et moteurs. Un vol. . . . . » »

Drainage et irrigations. Un vol. . . . . » »

V. — ÉCONOMIE. LÉGISLATION. COMPTABILITÉ

LE LIN

ENCYCLOPÉDIE AGRICOLE PRATIQUE
Publiée sous le Patronage de MM. ADOLPHE CARNOT, Membre de l'Institut,
et Ed. MAMELLE, Sous-Directeur de l'Agriculture
et sous la Direction de M. E. CHANCRIN, Directeur d'École d'Agriculture.

LES Plantes textiles

Lin, Chanvre, etc.

PAR

L. BONNÉTAT
Ingénieur-Agronome
Professeur à l'École d'Agriculture de la Vendée

OUVRIERS PROCÉDANT A L'ÉGRÉNAGE DU LIN

PARIS
LIBRAIRIE HACHETTE ET Cie
79, BOULEVARD SAINT-GERMAIN, 79

1907

NOTE DE L'ÉDITEUR

La collection complète de l'Encyclopédie agricole sera accompagnée d'un petit volume classant par ordre alphabétique toutes les matières qu'elle contient et permettant au lecteur de se servir de l'Encyclopédie comme d'un dictionnaire.

PRÉFACE GÉNÉRALE

PAR

ADOLPHE CARNOT

Membre de l'Institut.

Un Romain qui savait faire valoir ses terres et qui a écrit, il y a deux mille ans environ, un remarquable traité d'agriculture, Columelle, s'étonnait que l'on n'enseignât pas les travaux des champs, les soins à donner aux animaux domestiques, aux arbres fruitiers, aux vignobles, aux abeilles, etc., pendant que d'autres arts, moins utiles à ses yeux, étaient en grande faveur à Rome.

« Je vois partout, disait-il, des écoles ouvertes aux rhéteurs,
« aux danseurs, aux musiciens; les cuisiniers et les barbiers
« sont en vogue; mais, pour l'art qui fertilise la terre, il n'y a
« rien, ni maîtres, ni élèves.... Et pourtant, quand même nous
« viendrions à perdre ceux qui professent toutes ces choses, la
« République pourrait encore avoir de beaux jours, car nos
« ancêtres, qui ne connaissaient point ces études et n'avaient
« même pas d'avocats, n'en furent pas plus malheureux; tandis
« que la Société humaine ne saurait se passer d'agriculture. »

Certes, depuis cette époque, il a été fait de grands progrès, surtout pendant les derniers siècles. La science, qui a révolutionné l'industrie, a de même rénové l'agriculture : elle a secoué la routine et porté la lumière dans les vieilles formules empiriques.

Nous ne pouvons plus dire, avec Columelle, qu'on n'enseigne pas l'agriculture; car, depuis 30 ans, en une foule de points de notre territoire, il a été créé des écoles où peuvent s'instruire un grand nombre de nos futurs agriculteurs. L'enseignement agricole supérieur, fondé chez nous avec l'*Institut agronomique* de Versailles en 1848, tout au début de la 2ᵉ République, a été, il est vrai, brusquement supprimé par l'Empire en 1852; mais il a été heureusement rétabli à Paris, en 1876, par la 3ᵉ République. Il a rendu depuis lors de signalés services, en même temps que les Écoles nationales d'agriculture de Grignon, de Rennes, de Montpellier, les Écoles pratiques d'agriculture, les Fermes-Écoles et les Écoles spéciales de laiterie, de viticulture, d'aviculture, etc., préparaient chaque année plusieurs centaines de jeunes gens à la pratique des bonnes méthodes agricoles.

C'est assurément beaucoup, et pourtant ce n'est pas assez: car l'instruction par des écoles spéciales ne peut atteindre qu'une intime minorité de cultivateurs. Songeons, en effet, que ceux-ci sont au nombre de 22 millions: et il n'y a que 82 établissements d'enseignement supérieur ou professionnel agricole! Aussi peut-on dire encore aujourd'hui, au vingtième siècle, que l'agriculture française souffre toujours d'une ignorance trop générale.

Il est urgent d'y porter remède. Pour le présent, il faut, le mieux possible, répandre l'instruction pratique dans le monde des cultivateurs. Pour l'avenir, il faudra que les enfants de la campagne trouvent à l'école primaire les éléments d'une instruction professionnelle, qui développe en eux le goût des occupations rurales et qui les prépare à les exercer fructueusement. Il le faut dans leur propre intérêt. Il le faut aussi dans l'intérêt de la France: car notre pays a besoin de pouvoir compter sur un personnel instruit et vaillant pour ne pas succomber dans les luttes économiques, qui ne peuvent que devenir de plus en plus ardentes.

Pour les cultivateurs praticiens, comme pour les élèves et pour leurs maîtres de l'école primaire ou de l'école normale, le meilleur outil à mettre entre leurs mains, c'est le livre, écrit pour eux, simple, clair et à bon marché, qui puisse leur servir d'appui ou de guide, où soient exposées les opérations de culture ou d'industrie agricole, avec la précision de détail nécessaire pour en assurer le succès.

Tel est le but que s'est proposé le distingué sous-Directeur de l'Agriculture, M. Mamelle, et qu'il s'est efforcé d'atteindre avec l'aide de son dévoué collaborateur, M. Chancrin, en créant une Encyclopédie agricole pratique.

Il existe déjà plusieurs encyclopédies d'agriculture, mais d'un caractère sensiblement différent. La plupart, à raison de leur étendue et de leur prix relativement élevé, s'adressent à un public plus instruit et plus fortuné; d'autres, en se maintenant dans des considérations trop générales, ne donnent pas satisfaction aux praticiens et vont plutôt à des amateurs, plus curieux de connaître les principes que les détails d'exécution des diverses opérations agricoles.

L'*Encyclopédie agricole pratique* s'attache, au contraire, à justifier son titre en fournissant aux cultivateurs et industriels, qui ont une instruction moyenne ou même élémentaire, les connaissances nécessaires à la pratique raisonnée de leur métier.

Elle comprend une série de petits volumes qui ont été écrits par des Membres de l'Enseignement agricole, spécialistes distingués, s'étant adonnés à la culture, à l'élevage du bétail, aux soins de la basse-cour, ou aux différentes industries agricoles. Non seulement les auteurs ont étudié de près les opérations qu'ils décrivent; mais leur habitude de l'enseignement a développé chez eux la faculté de vulgariser la science et d'en exposer méthodiquement les matières pour les faire bien comprendre du lecteur.

Les auteurs de l'*Encyclopédie agricole pratique* ont jugé utile de consacrer quelques-uns des petits volumes à l'exposé de notions scientifiques générales, que beaucoup de cultivateurs peuvent ignorer et qui sont cependant indispensables pour comprendre les explications techniques d'autres volumes. C'est ainsi que, pour rendre accessible à tous un volume de *Chimie agricole*, il a paru nécessaire de rédiger aussi un petit abrégé de *Chimie générale*, où se trouvent plus particulièrement expliqués les termes et les faits qui sont invoqués dans la chimie agricole. Il en est de même pour la physique et pour l'histoire naturelle appliquées à l'agriculture.

Les petits volumes de l'Encyclopédie seront particulièrement utiles aux élèves des Écoles pratiques d'Agriculture, qui ne peuvent pas toujours prendre des notes suffisantes en écoutant les leçons de leurs professeurs et qui y trouveront une source précieuse d'informations.

On peut croire qu'ils seront aussi fort appréciés des jeunes gens qui, après les études des lycées, des collèges ou des écoles primaires supérieures, voudront s'adonner aux occupations agricoles. Car, à côté de l'exposé précis de la pratique usuelle, ces petits livres leur présenteront la théorie qui l'explique et qui parfois leur permettra de l'améliorer.

ADOLPHE CARNOT,
Membre de l'Institut.
Ancien professeur à l'Institut agronomique,
Membre de la Société nationale d'Agriculture de France
Directeur de l'École supérieure des Mines.

INTRODUCTION

La culture du lin et du chanvre, ainsi que celle des plantes oléagineuses (œillette, colza, etc.) a été remplacée en grande partie par celle des betteraves à sucre.

La suppression des primes à la sucrerie, la guerre Russo-Japonaise, l'état intérieur de la Russie, ont contribué à augmenter les surfaces emblavées en lin ces dernières années.

L'importance du lin et du chanvre est encore assez grande pour obtenir l'attention de nos élèves et de nos agriculteurs, qui rendront ainsi service en même temps à notre industrie textile. La préparation des fibres dans les exploitations rurales, qui se fait surtout l'hiver, permettrait de conserver à l'agriculture, nombre d'ouvriers qui ont trop de tendance à émigrer vers la ville.

Nous devons chercher à produire un poids élevé d'une bonne qualité moyenne, réclamée par les filateurs, pour concurrencer les lins étrangers; nous en étudions les moyens pratiques.

MATIÈRES TEXTILES

(LIN, CHANVRE, etc.)

CHAPITRE I

NOTIONS PRÉLIMINAIRES

1. — *Les matières textiles comprennent les substances qui peuvent être filées et tissées.*

2. Origine des matières textiles. — La ***laine*** et la ***soie,*** principales ***fibres d'origine animale,*** quoique produites par l'une des branches de l'agriculture, sont surtout transformées par les manufactures et leur étude ne rentre pas dans notre cadre.

Les ***textiles d'origine végétale,*** très nombreux, peuvent être constitués :

1° Par *des poils* (coton) :

2° Par *des fibres:* les deux plantes textiles qui nous intéressent surtout dans ce groupe sont le ***lin*** et le ***chanvre,*** cultivés en France et dont les fibres sont ordinairement préparées pour les filatures par des ouvriers agricoles ; ce seront les seules que nous étudierons.

Le *jute*, la *ramie*, le *chanvre de Manille*, le *lin de la Nouvelle-Zélande*, le *phormium tenax*, l'*alfa*, le *raphia*, le *crin végétal* et beaucoup d'autres fibres provenant de palmiers sont d'origine exotique et ne nous intéressent que par leurs usages et surtout en ce qu'ils concurrencent notre chanvre.

Fibres. — Les fibres proviennent de cellules dont la forme et la composition chimique ont été modifiées ; elles sont formées de cellulose plus ou moins âgée. Les fibres utilisées ont une membrane plus épaisse que celle de la cellule génératrice qui s'est lignifiée, et presque tout le plasma[1] a disparu. Ces fibres sont de longueur et de dimensions variables et réunies le plus souvent en faisceaux.

On est donc obligé, comme nous le verrons, de séparer les faisceaux par une opération appelée *rouissage* pour obtenir la *filasse.*

1. Matière vivante contenue à l'intérieur des cellules.

LE LIN

CHAPITRE II

CULTURE DU LIN

3. Importance. — La culture du lin est des plus anciennes en Belgique et en France où elle date de plus de deux mille ans.

Très importante dans notre pays au commencement du XIXe siècle, alors que le nombre des petits tisserands était considérable, elle a rapidement diminué vers la fin du siècle.

Surfaces cultivées en France :

105.000 hectares en 1840.
98.000 — 1862.
41.000 — 1882.
25.000 — en moyenne de 1892 à 1902.

Les principaux départements qui s'adonnent à cette culture sont le *Nord*, les *Côtes-du-Nord* et le *Pas-de-Calais*, la *Seine-Inférieure*, le *Finistère*, la *Vendée* et la *Somme*.

Les causes de la diminution de la culture du lin sont les suivantes :

1° L'entrée en franchise des textiles étrangers depuis 1892 ;

2° La production croissante des tissus de coton, moins chers ;

3° Les progrès de la filature, qui peut utiliser de plus en plus des produits plus communs ;

4° Le coût de la main-d'œuvre, de plus en plus rare ; on préfère d'autres cultures moins aléatoires (betterave par exemple).

Toutefois en 1905 et en 1906 surtout, on a remplacé dans le Nord une partie des betteraves par du lin.

La filature mécanique, due à Philippe de Girard, date de 1810 ; elle a presque complètement remplacé le filage à la main, au fuseau et au rouet, ainsi que le tissage. Le travail mécanique, donnant des produits plus uniformes, a permis d'utiliser des lins plus communs, par exemple les lins russes, plus grossiers que nos bons lins français mais moins coûteux, surtout depuis qu'ils ne paient plus de droits de douane à l'entrée en France (tarifs de 1892).

Pour essayer de relever cette culture autrefois si florissante, une loi du 13 janvier 1892 allouait des primes de 2.500.000 francs par an pour le lin et le chanvre, à répartir au prorata des surfaces cultivées, chaque parcelle déclarée devant être au moins de 10 ares. Renouvelées en 1896 et en 1900, elles l'ont été de nouveau en 1904, en stipulant toutefois que la prime qui avait atteint et dépassé 100 francs, ne pouvait être supérieure à 60 francs.

FIG. 1. — LIN.

4. Caractères botaniques. — Le lin[1] est une plante de la famille des linées, à *racine pivotante, courte, pourvue de peu de radicelles* (dans les *terres riches*). La tige, peu ramifiée, a de 0 m. 50 à 1 m. 20 et plus ; les feuilles sont simples, très petites, les fleurs blanches ou bleues (fig. 1).

Le fruit est une capsule à trois ou plus souvent cinq loges à fausses cloisons, ce qui fait que chaque graine, deux par loge, semble se trouver dans une loge spéciale ; elle ne s'ouvre pas dans le lin ordinaire, elle s'ouvre dans le lin crépitant, non cultivé.

Les graines sont brunes, en général, brillantes.

Coupe de tige. — Les fibres sont situées entre l'écorce et le bois, tout autour de la tige (fig. 2) ; chaque fibre est une sorte de cordon plus épais au milieu qu'aux deux extrémités, à section transversale polygonale ; la membrane est très épaisse, formée de cellulose à peu près pure, et au centre existe un canal très fin, régulier, réduit à une ligne, contenant des matières azotées. Longueur de la fibre : 4 à 60 millimètres, et de 0 mm. 01 à 0 mm. 036 de diamètre (fig. 3). Les fibres réunies en petit nombre forment des faisceaux.

1. Pour les botanistes, *Linum usitatissimum*.

La qualité de la filasse, en rapport avec celle du lin, dépend surtout des circonstances atmosphériques, du climat, de la graine, du mode de culture et du rouissage.

5. Climat. — Le lin demande un climat tempéré, pas trop sec ; il se plaît dans les pays un peu brumeux du nord de l'Europe : Hollande, Belgique, côtes de France, de la Flandre à la Vendée : la sécheresse, la chaleur trop forte le tuent. La Russie, la Westphalie, l'Italie produisent beaucoup de lin. Une trop grande humidité (ex.: 1905) donne une mauvaise filasse, sans ténacité, sans nervosité.

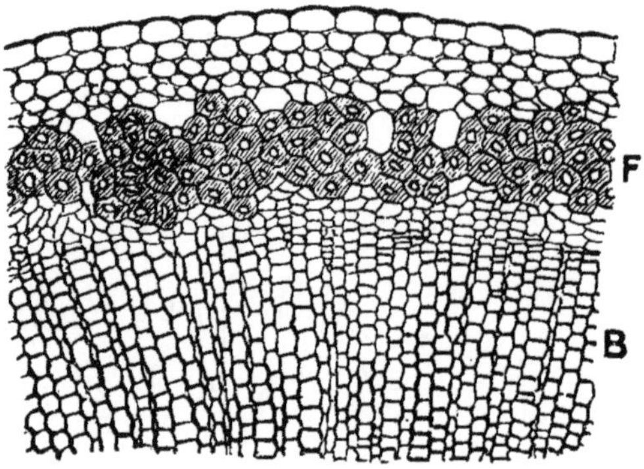

FIG. 2. — UNE PARTIE DE LA SECTION TRANSVERSALE D'UNE TIGE DE LIN.

B, *bois ;* F, *fibres.* (*Vues au microscope.*)

6. Sols. — La nature du sol influe beaucoup sur la quantité et la qualité de la filasse produite.

La racine pivotante du lin demande des terres profondes, perméables, bien *ameublies ;* les terrains compacts, argileux, lui sont peu favorables et en général dans des terres très fortes, grasses, humides, on obtient beaucoup de filasse, mais grossière, peu nerveuse.

Sur les terres calcaires et sablonneuses sèches, le rendement est faible et la filasse courte.

Les meilleures terres sont *donc de consistance moyenne, riches en humus ; les alluvions conviennent bien.* Il faut éviter avec soin le voisinage des arbres donnant beaucoup d'ombre.

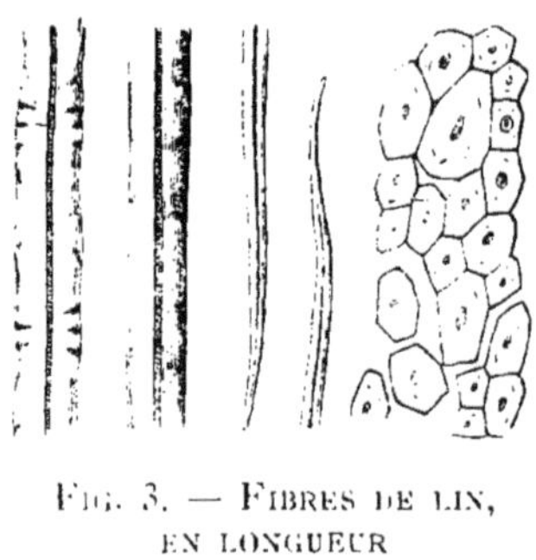

FIG. 3. — FIBRES DE LIN, EN LONGUEUR ET EN SECTION TRANSVERSALE.

Vues au microscope. Grossissement, 300 fois.

7. Assolement. — Le lin est plus exigeant pour la rotation que beaucoup d'autres plantes, comme le blé et la betterave, qui peuvent revenir sur le même terrain à des intervalles très rapprochés.

Il faut, pour avoir de bonnes chances de réussite et obtenir de forts rendements, au moins sept à huit ans d'intervalle entre deux récoltes de lin sur le même champ, surtout si le sol est compact.

On le sème le plus souvent après trèfle, blé, avoine, seigle, quelquefois après tabac, pomme de terre, féverolle, maïs le meilleur précédent est bien l'avoine: on le sème même parfois après betterave: il n'y a pas de règle absolue à ce sujet, sauf qu'on sème rarement après orge, qui vient déjà après plusieurs céréales.

8. Préparation du sol. — La préparation du sol est un facteur important pour la réussite. Les travaux varient en nombre et en profondeur avec la culture précédente.

Pour les lins de printemps, on fait un *labour profond en novembre* ou décembre, après un déchaumage fait en été.

Dans les sols légers, en Flandre, on fait souvent l'opération à la bêche. Pour semis après trèfle, le labour est généralement peu profond.

Dans les *terres très consistantes, un labour en billons* avant l'hiver est très à recommander. Parfois aussi on pratique le pelletage: on enlève, dans le fond de chaque raie, tous les 50 centimètres environ, une bêchée de terre qu'on place entre les deux dernières raies.

On donne un *nouveau labour au printemps*, qu'on fait suivre de *scarifiages*, de *hersages* et d'un *roulage*, pour que la couche supérieure soit tassée, et les couches profondes bien ameublies.

9. Engrais. — Le lin, comme les autres végétaux, a besoin d'aliments pour vivre. Ces aliments sont les suivants:

Azote;
Acide phosphorique:
Potasse:
Chaux:
Magnésie, etc.

Tous ces aliments sont indispensables, mais parmi eux, il en est, au point de vue pratique, de plus importants que les autres, ce sont :

L'azote;
L'acide phosphorique:
La potasse:

les autres existent en quantité suffisante dans les terres pour que l'agriculteur n'ait pas à en tenir compte. Si l'un de ces trois aliments vient à manquer, les deux autres ne servent à rien[1].

Une récolte de lin de Riga donnant par hectare une récolte totale de 6000 kilogs (graines et tiges) enlève au sol :

Azote.	125	kilogrammes.
Acide phosphorique	75	—
Potasse	90	—
Chaux	110	—

Le lin atteint son développement complet en peu de temps (3 ou 4 mois); de plus, d'après M. Garola, le lin absorbe, dans le mois qui précède la floraison, 77 pour 100 de son azote total, 61 pour 100 de son acide phosphorique, 83 pour 100 de sa chaux, 68 pour 100 de sa potasse. Il est donc nécessaire de fournir au lin des engrais rapidement assimilables.

En dehors du fumier de ferme, lequel apporte à la fois de l'azote, de l'acide phosphorique et de la potasse, on fournira :

L'azote, par le nitrate de soude, le sulfate d'ammoniaque, le sang desséché, les tourteaux, etc. Dans certains cas, on peut employer le nitrate de potasse, qui apporte à la fois de l'azote et de la potasse.

L'acide phosphorique, par les scories de déphosphoration, le superphosphate de chaux, les superphosphates d'os, les phosphates précipités, etc.

La potasse[2], par le sulfate de potasse, le chlorure de potassium, la kaïnite, etc.

En Flandre, on applique souvent 15 à 20 mètres cubes d'*engrais flamand*[3] ou 1000 à 1500 kilogs de tourteaux d'œillette, de colza, sur le labour au moins quinze jours avant les semailles.

Les lins fumés avec des vidanges restent plus verts, mûrissent plus mal : ceux qui sont fumés avec du guano donnent une filasse légère et versent facilement.

On remédie à l'inconvénient de ces engrais, plutôt azotés, par des apports de potasse et d'acide phosphorique qui rétablissent l'équilibre et améliorent la filasse et la graine.

---

1. Loi du minimum.

2. Pour les renseignements sur ces engrais, voir *Chimie agricole*, par E. Chancrin, et *Agriculture générale*, par M. Mélin (*Encyclopédie agricole pratique*).

3. Il est constitué par des déjections humaines à l'état frais : il porte ce nom parce qu'il est très employé en Flandre. A l'état sec, les déjections humaines constituent la poudrette.

En ce qui concerne l'influence des engrais sur la production et la qualité de la filasse ainsi que sur le rendement en grains, nous citerons les conclusions tirées par M. Léon Lacroix d'expériences poursuivies pendant plusieurs années, et qui ont toujours donné des résultats concordants :

« 1° Les engrais phosphatés et potassiques sont nécessaires et augmentent considérablement la récolte en filasse et en graine.

« 2° Les engrais azotés augmentent considérablement le poids brut de la récolte, sans que la filasse augmente proportionnellement.

« 3° La filasse obtenue par les engrais potassiques et phosphatés est de belle et fine qualité, tandis que celle produite par les engrais azotés est grossière et de qualité très inférieure. »

Le *nitrate de potasse*, qui apporte à la fois au sol de l'azote et de la potasse, donne d'excellents résultats; il permet d'obtenir une plus grande quantité d'une filasse longue, il diminue les chances de verse;

Les *cendres de bois*, riches en potasse, très employées jadis, sont excellentes;

La *kaïnite*, qui apporte au sol de la potasse et de la magnésie, convient bien au lin.

Les expériences de M. Léon Lacroix, dont nous donnons ci-dessous quelques résultats, montrent l'influence de la potasse et de l'acide phosphorique sur le rendement de la récolte en filasse et en graine :

PARCELLES	RÉCOLTE BRUTE à l'hectare.	FILASSE à l'hectare.	GRAINE à l'hectare.
Sans engrais.	2000 kil.	460 kil.	450 kil.
400 kil. chlorure de potassium. . .	3600 —	720 —	550 —
800 kil. phosphate d'os.	3200 —	740 —	550 —
600 kil. nitrate de soude.	4000 —	700 —	550 —
Nitrate, chlorure de potassium et phosphate.	4000 —	720 —	625 —

Quantités d'engrais à employer. — Les quantités d'engrais à employer sont variables, suivant la richesse du sol et les récoltes précédentes.

Les fumures seront copieuses, appliquées de bonne heure :

le fumier de ferme sera donné à la *récolte précédente*[1]; *ne pas employer de fumier frais, mais bien décomposé.*

Les fumiers chauds (de mouton, de cheval) conviennent bien aux terres compactes.

Dans les terres très riches, un excès d'azote peut donner trop de vigueur, une filasse mauvaise, sans force, et la verse, si redoutable, est à craindre.

Dans le Nord, on emploie souvent pour les bonnes terres des quantités d'engrais complémentaires correspondant à peu près aux chiffres suivants :

200 kilogs de sulfate de potasse ou de chlorure de potassium ; 300 à 500 kilogs de superphosphate de chaux, que l'on enterre par un bon labour avant l'hiver.

200 à 300 kilogs de nitrate de soude[2] ou de sulfate d'ammoniaque, répandus à la surface du sol au printemps.

D'après M. Garola, dans les terres de fertilité moyenne, après une récolte d'avoine et sans fumier, on emploiera : 75 à 100 kilogs d'azote, 60 kilogs de potasse, 50 kilogs d'acide phosphorique[3].

On augmentera ces doses dans les sols pauvres[4].

10. Variétés de lin. — Il existe une variété vivace qui est très peu cultivée.

On utilise surtout le lin ordinaire annuel dont certaines variétés sont à fleurs blanches, les autres à fleurs bleues.

Variétés à fleurs blanches.	*Lin de Sicile*, très exigeant, donne une filasse grossière. *Lin russe* ou *royal à fleurs blanches*, à filasse très fine. *Lin d'Amérique à fleurs blanches* et graines jaunes.
Variétés à fleurs bleues. .	*Lin de Riga et de Pskoff* ou *de tonne* et lin après *tonne*. *Lin commun* { de Flandre. / de Chalonne-sur-Loire. *Lin de Zélande.*

A un autre point de vue on distingue les *lins d'hiver* ou *lins*

1. Généralement on fume la récolte précédant celle du lin, cette récolte étant une récolte de céréales, de préférence d'avoine.

2. On remplace parfois le nitrate de soude par du nitrate de potasse.

3. Pour le calcul des quantités d'engrais azotés, phosphatés et potassiques correspondantes à employer, voir *Chimie agricole*, par E. CHANCRIN (*Encyclopédie agricole pratique*).

4. Dans le Nord, les bons agriculteurs cultivent le lin dans les terres dites « pourvues de vieille graisse ». Ce sont des terres très riches depuis longtemps, grâce à des doses fréquentes et massives de fumier de ferme.

chauds, cultivés un peu dans le Midi et l'Ouest de la France et les *lins de printemps* ou *lins froids*, cultivés dans les régions Nord.

Suivant l'époque de la semaille on peut encore les classer en *lins de mars* et *lins de mai* ou, d'après leurs qualités et leurs usages, en *lins de gros* (tissus communs) et *lins de fin ou ramés* (dentelles, batistes).

11. Choix de la graine. — *Le choix de la graine exerce une action capitale sur le rendement et la qualité de la filasse.*

En règle générale, il est indispensable de renouveler souvent la semence du pays et de la remplacer par des graines venant des pays du Nord. On est arrivé par une sélection rigoureuse, dans la Flandre, à obtenir de bons produits avec le lin commun, mais on préfère les graines de Russie : *les lins de Riga et de Pskoff* ou *lins de tonne*.

Le *lin de tonne* est ainsi désigné parce qu'il arrive de Russie dans des barils ou dans des tonnes.

Il existe plusieurs qualités :

1° Qualité inférieure ou druana, non admise au baril, expédiée en sacs ;

2° Qualité ordinaire ou krown, qui peut servir aux semis ;

3° Qualité supérieure ou puik-krown, extra-puik, soumise à un contrôle aux ports d'embarquement.

On expédie souvent actuellement en balles marquées aux armes de la ville de Riga.

La tonne contient environ 125 litres, mais comme elle renferme des mauvaises graines étrangères, après purage on n'obtient guère que 115 litres, soit 80 à 83 kilogs, le poids moyen de l'hectolitre étant 66 à 68 kilogs.

En 1906, la balle pesant environ 83 kilogs valait 26 francs à Arras : le purage coûtait 3 francs en plus.

La composition chimique et les caractères botaniques sont insuffisants pour caractériser le lin de Riga : la graine doit être grosse, jaune verdâtre, d'un brillant clair, sans odeur de moisi.

On utilise d'une manière courante la graine récoltée sur lin de tonne, qu'on appelle *lin après tonne* : il faut alors attendre une maturité un peu plus complète.

On obtient, dit-on, de meilleurs résultats avec des graines vieilles de 2 ou 3 ans : on les conserve alors dans les capsules, dans des tonneaux avec de la courte paille de blé ou dans un coin du grenier, et tous les ans, au moment de la floraison des lins en terre, on les tarare : ces graines donnent des lins de qualité et de finesse remarquables.

Quelle que soit la graine employée, il faut toujours s'assurer de ses facultés germinatives : en cinq ou six jours, dans un germoir, 85 à 90 pour 100 des graines doivent avoir des germes.

Quantité de graine à employer. — En moyenne, pour les lins de gros, semés en mai, on emploie 2 hectolitres à l'hectare.

Les lins ordinaires, semés en mars, demandent 250 à 300 litres.

Pour les lins ramés, semés très drus, on emploie jusqu'à 500 litres.

12. Époque des semailles. — Les *lins d'hiver*, peu cultivés, se sèment en septembre ou octobre. Les *lins de printemps de mars à mai*. En général, la qualité des lins et le rendement en filasse est en rapport avec la durée de la végétation ; de plus, la sécheresse et les attaques des insectes sont moins à craindre avec les semis hâtifs.

On sème tard si les gelées sont à craindre.

Le semis se fait ordinairement à la volée, par un temps bien calme, souvent le soir, à jets croisés ; on sème parfois en deux fois.

On emploie quelquefois en grande culture un semoir qu'on munit d'un appareil pour éparpiller la graine.

On recouvre la graine par deux hersages croisés, très légers, d'environ deux centimètres de profondeur : le lendemain ou le surlendemain, on donne un léger roulage sans charger.

Il est prudent de faire des sillons d'écoulement pour permettre l'évacuation des eaux de pluies d'orage, de manière à éviter la verse.

13. Soins d'entretien. — Pour les *lins de fin* ou *lins ramés*, semés, très drus, on est obligé, pour éviter la verse, de les maintenir avec des supports : parfois de simples branchages, quelquefois des piquets fourchus sur lesquels on dépose transversalement des gaules et des rameaux. D'ailleurs, cette opération très coûteuse est de plus en plus abandonnée et nous n'en parlons guère que pour mémoire.

Les mauvaises plantes (liseron, spergule, chardon, etc.) nuisent beaucoup au lin. On les enlève à la main lorsque le lin a 5 ou 8 centimètres de hauteur ; les ouvriers s'agenouillent, sans chaussures, en marchant contre le vent ; les sarclures sont jetées en dehors du champ.

Parfois un deuxième et un troisième sarclage sont nécessaires : les ouvriers travaillent alors debout.

Les sarclages coûtent jusque 80 francs l'hectare, en moyenne 40 francs.

14. Ennemis et maladies du lin. — Le lin est parfois attaqué par :

Les *altises* ou *puces de terre*, dont on peut atténuer les ravages par un roulage avec un rouleau en bois, l'épandage de cendres ou de poussière de chaux ;

Le *ver blanc* ou *man* (larve du hanneton).

On est souvent obligé de faire la chasse à la taupe, dont les galeries peuvent causer d'importants dégâts.

La *cuscute* ou *teigne* peut envahir les champs de lin : on brûle les places attaquées ou bien on traite par une dissolution concentrée de sulfate de fer.

Il est nécessaire quand on traite par le sulfate de fer de répandre sur une surface un peu plus grande que celle attaquée.

La *brûlure* ou *charbon* serait due, suivant certains auteurs, à un petit insecte (Thrips lini) qui attaquerait les racines, selon d'autres à un champignon (Mélampsora lini) : les racines s'atrophient, le lin se dessèche à partir du pied, noircit. Cette maladie se produit surtout quand le lin revient sur le même terrain à des intervalles très rapprochés.

Le *coup de soleil*, bruissement ou rougissement des tiges, est dû à l'action trop vive du soleil après une légère pluie.

La *verse* et la *grêle* peuvent occasionner de sérieux dommages, réduire la récolte presque à rien.

Une culture rationnelle, très soignée, un bon choix des graines, réduisent les maladies à leur minimum.

15. Récolte. — Le lin fleurit en juin, mûrit en juillet.

Si on veut une filasse de premier choix, on récolte quand les capsules et les feuilles du bas de la tige commencent à jaunir.

Si on vise un grand rendement en filasse ordinaire et de la graine pour semer à nouveau, on laisse mûrir plus complètement.

Si on récolte tôt, la filasse est plus douce, plus moelleuse, plus fine.

Arrachage. — On arrache le plus souvent quand les tiges sont jaunâtres dans leur moitié inférieure, les feuilles tombées en grande partie, les capsules grisâtres ; la graine est alors assez formée, à teinte tirant sur le brun.

L'arrachage se fait par poignées, en tirant obliquement : on secoue légèrement pour séparer la terre et les corps étrangers, on enlève les mauvaises plantes, on pare les poignées qu'on dispose sur le sol en les croisant vers les extrémités, de sorte que la graine repose sur les tiges.

Mise en chaînes. — Après quelques heures on forme des haies ou chaînes plus ou moins longues, tête contre tête, les tiges écartées vers le bas.

La longueur des chaînes est très variable; ici, elles n'ont que 1 m. 50 à 3 mètres; là 8 à 10 mètres et jusque 15 mètres. Ces dernières ont plus de solidité mais sèchent moins bien; elles sont orientées dans le sens du vent dominant ou suivant une ligne N.-E. S.-O. pour que l'action du soleil soit uniforme. Généralement on met un lien aux deux extrémités ou un peu de terre au pied.

On a soin de ne pas trop serrer les poignées pour éviter la fermentation et activer la dessiccation.

Il est parfois nécessaire de changer les chaînes s'il pleut, ou

FIG. 4. — ÉGRUGEOIR POUR L'ÉGRENAGE DU LIN.
Ouvriers procédant à l'égrenage du lin.

de les mettre en faisceaux coniques appelés *cahots, cahous, capettes*, etc.

Bottelage. — Lorsqu'il est sec, on en fait des bottes de poids variable, le plus souvent 5 à 6 kilogs, liées avec un ou deux liens de paille de seigle ou d'avoine.

On les met ensuite en petites meules ou monts, en ayant soin de ne pas faire reposer capsules sur capsules, et on recouvre de paillassons pour mettre à l'abri des intempéries.

Le coût de l'arrachage et de la mise en chaîne est évalué en moyenne à 50 francs par hectare.

Égrenage. — L'égrenage a pour but de détacher des tiges les capsules dans lesquelles sont renfermées les graines.

On enlève parfois les capsules à l'aide d'un *peigne* à dents de fer carrées appelé *drège* ou *égrugeoir*, fixé sur un banc. Les dents en fer ont 30 à 35 centimètres de longueur et sont espacées de 15 à 20 millimètres (fig. 14).

Les capsules sont battues plus tard au fléau.

Battage. — Au lieu de séparer les capsules, c'est-à-dire de pratiquer l'égrenage, on retire souvent la graine directement sur une aire de grange à l'aide d'un battoir formé d'un bloc de bois cannelé (battoir) : cela s'appelle *ébaucher* ou *mailler* le lin.

Le battage se fait aussi au fléau ordinaire (lins ramés).

Dans la grande culture on emploie des égreneuses mécaniques peu répandues en France.

16. Rendement. — Le rendement en tiges et graines est très variable.

Dans les bonnes années on peut obtenir, en culture soignée, 5.000 kilogs de tiges et 6 à 7 hectolitres de graine pesant 68 à 70 kilogrammes l'hectolitre.

D'après Damseaux, 6.000 kilogs de lin sec livrent en moyenne :

Lin battu.	4500 kilog.	ou 73 pour 100
Graine	500 à 600 —	10	
Capsules et menue paille. .	700 —	12	—
Déchet.	200 —	5	

17. *Utilisation.* — La *graine*, qui vaut 16 à 18 francs l'hectolitre est employée en nature pour les jeunes veaux, les buvées des vaches laitières : elle est très émolliente, et la farine de lin est fréquemment utilisée en médecine.

On en extrait de 25 à 35 pour 100 d'une *huile siccative*, valant actuellement environ 50 francs les 100 kilogs, qui sert en peinture, entre dans la confection des vernis, encre d'imprimerie, linoléum, etc.

Les capsules entrent dans l'alimentation du bétail.

L'***extraction*** de l'***huile*** laisse un résidu appelé ***tourteau*** de lin, très prisé dans le Nord pour l'alimentation du bétail ; il est beaucoup moins riche en matières protéiques que la plupart des tourteaux exotiques (arachide, coton décortiqué), coûte plus cher, mais on peut en donner de très fortes doses aux animaux sans craindre d'accidents du côté du tube digestif, à cause des propriétés émollientes du lin (mucilage). Son prix élevé, très variable, de 17 à 22 francs les 100 kilogs, le fait fréquemment falsifier (pavot, coques d'arachide, etc.).

Sa composition moyenne est la suivante :

Matières protéiques	28.7	pour 100
Cellulose	9.4	—
Graisse	10.7	—
Matières amylacées	32.1	—
Cendres	7.3	—
Eau	11.8	—

Le lin est souvent acheté sur pied, à l'hectare, et alors l'acheteur doit l'arracher, à moins de convention contraire : parfois aussi on vend le lin battu, dit en paille. La valeur des lins ordinaires (lins de gros) varie avec les années, de 0 fr. 12 à 0 fr. 18 le kilog. avec même des extrêmes plus variables.

18. Compte-culture du lin. — La culture du lin ne permet pas d'établir un compte-culture type, d'évaluer les bénéfices exactement tant les aléas sont grands, à cause de l'état du marché et principalement des conditions météorologiques (sécheresse ou grande humidité) qui font varier la quantité et la qualité de la marchandise.

On peut évaluer ainsi les dépenses moyennes dans la région du Nord :

Fermage et impôts	150 francs.
Engrais enlevés par la récolte	200
Préparation du sol et semis	50
Semences	80
Sarclage	40
Récolte	100
Frais généraux	80
	700 francs par hectare.

Une récolte de 6000 kilogrammes de lin non battu à 0 fr. 15 le kilogramme valant 900 francs, laissera un bénéfice voisin de 200 francs. Le bénéfice peut être plus élevé si on vend 0 fr. 18 et même parfois 0 fr. 20, mais être négatif si on ne vend que 0 fr. 11 par suite de la verse.

D'où la nécessité de réserver les bonnes terres propres pour le lin afin d'éviter les sarclages onéreux, et d'ajouter de l'acide phosphorique pour éviter la verse.

CHAPITRE III

ROUISSAGE

19. — Nous avons dit que les fibres de lin sont constituées par de la cellulose à peu près pure et qu'entre les fibres et les faisceaux de fibres il existe une sorte de ciment, composé principalement de pectose (matière gommo-résineuse des liniers). *Le rouissage a pour but de détruire ce ciment pectique et de mettre les faisceaux de fibres en liberté.*

La destruction de ce ciment pectique se fait soit *par la chaleur*, soit par *une série de fermentations* que l'on peut obtenir dans l'eau des rivières, des ruisseaux, des mares, ou encore à terre sous l'action de la rosée, de l'air et du soleil. De là, *deux grands systèmes* de rouissage :

Le *rouissage manufacturier* que l'on fait dans les usines.

Le *rouissage rural* qui, comme son nom l'indique, se fait à la campagne.

Le *rouissage manufacturier* comprend un certain nombre de procédés dans lesquels la désagrégation des fibres est obtenue par l'emploi de la vapeur, de l'eau tiède ou de substances chimiques. Ces procédés, dont la plupart laissent à désirer, sont peu répandus. Nous n'en parlerons pas, car ils sont plutôt du domaine de la grande industrie. Nous n'étudierons que le *rouissage rural*, plus spécialement agricole et qui donne de meilleurs produits.

Le rouissage rural comprend plusieurs procédés :

Le rouissage à l'eau courante;

Le rouissage à l'eau dormante ou stagnante;

Le rouissage sur terre ou rouissage à la rosée (rosage, rorage, sereinage).

Dans tous ces procédés il se produit, comme nous l'avons dit plus haut, une série de fermentations très complexes qui se superposent ou se succèdent.

En effet, des tiges stérilisées par des antiseptiques ou par la chaleur et mises à rouir restent inattaquées.

Les matières pectiques se rapprochent des gommes. Sous l'influence des ferments (*bactéries, moisissures*) et des *diastases* secrétées par ces ferments (ex.: pectase) elles se solubilisent.

donnent naissance d'abord à des sortes de sucres qui sont décomposés en produits divers.

Les ferments *lactiques* et *butyriques* attaquent surtout les matières hydrocarbonées : d'autres ferments, comme les *tyrothrix*, attaquent les matières albuminoïdes, et des ferments spéciaux ou leurs diastases transforment les matières pectiques principalement en pectine et acide pectique, gélatineux, qui reste adhérent aux fibres et leur donnera du brillant ; on admet que cet acide pectique se combine à la chaux pour donner cette sorte de vernis brillant.

Les microorganismes qui interviennent dans le rouissage sont très nombreux et on ne connaît pas exactement le rôle de chacun d'eux. Ils sont *aérobies* (c'est-à-dire vivent au contact de l'air) ou *anaérobies* (vivent à l'abri de l'air). *Dans le rouissage à l'eau* interviennent des moisissures (*oïdium*, *penicillium*, *mucors*) et des bacilles, dont le plus important est le *Bacillus amylobacter*.

Dans le rouissage par terre les moisissures interviennent surtout : microbes de l'air et de la terre.

Le rouissage arrêté trop tôt donne des faisceaux mal débarrassés du ciment pectique, le travail est difficile, produit beaucoup de déchets.

Si le travail est trop long, le *Bacillus amylobacter* attaque la cellulose des fibres qui deviennent peu résistantes, perdent leur brillant recherché, et donnent beaucoup d'étoupes.

20. Rouissage à l'eau courante. — Ce rouissage se fait rarement par les cultivateurs, mais le plus souvent par des spécialistes, qui s'occupent aussi du teillage.

Ce procédé consiste à mettre les bottes de lin battu dans l'eau courante soit directement, soit dans des caisses à claire-voie.

Il donne les fibres les plus solides, les plus blanches.

Il se fait de mai à octobre, dure cinq à vingt jours suivant la température, la qualité des lins, celle des eaux : les lins de mai rouissent plus vite.

Le rouissage classique est celui fait dans la Lys (rivière d'or des Flandres) : nous l'avons vu pratiquer dans les marais du Pas-de-Calais, à eau demi-courante, à peu près dans les mêmes conditions, par exemple à Écourt Saint-Quentin, où l'on concentre la presque totalité de la production de l'arrondissement d'Arras. On procède de la manière suivante :

Les bottes ou *bonjeaux* sont attachées deux par deux, racines contre tête, mises dans des caisses à claire-voie appelées *ballons*, contenant 200 à 250 bottes selon poids (6 à

8 kilogs). Les ballons sont mis à la rivière : on charge de pierres, parfois de vieux tonneaux vides de pétrole contenant de l'eau.

Après quarante-huit heures, le ballon remonte un peu par suite du dégagement des gaz : il redescend ensuite pour toucher le fond de la rivière.

De temps en temps on prélève des échantillons qu'on fait

FIG. 5. — SÉCHAGE OU CAHOTAGE DU LIN.

sécher et on regarde si les fibres se détachent bien sur toute leur longueur. Ordinairement le rouissage est terminé au bout de sept à dix jours.

Dans les environs de Courtrai, le rouissage se fait ordinairement en deux fois : on opère un premier rouissage d'une durée de quatre à cinq jours : on fait sécher et quinze jours, ou un mois après on fait un second rouissage à l'eau qui dure trois ou quatre jours.

Le rouissage se fait parfois sans *ballons*, c'est-à-dire sans caisses à claire-voie : les bottes sont simplement liées entre elles et retenues à des pieux fixés sur le bord de la rivière.

Lorsque le rouissage est terminé, les bottes sont retirées hors de l'eau, puis mises à égoutter debout, pour laisser reprendre un peu de rigidité aux fibres, qui se briseraient pendant l'étendage immédiat, comme si elles étaient pourries.

Le séchage se fait debout, en *cahous* ou *chapelles* (fig. 5), en forme de cônes droits. On les retourne pour sécher l'intérieur. La fibre blanchit pendant le séchage.

Le rouissage dans les rivières est réglementé par la loi du 10 août 1876 : l'eau devenant trouble, en général alcaline, dégageant de l'hydrogène sulfuré et d'autres produits infects qui peuvent empoisonner le poisson. Des arrêtés préfectoraux déterminent les emplacements et les époques de rouissage.

21. Rouissage à l'eau dormante. — Le rouissage à *eau dormante* ou à eau stagnante a lieu dans des fosses remplies d'eau ou dans des mares. Il se fait en France, Belgique, Saxe, généralement immédiatement après la récolte (août, septembre, octobre), mais parfois en mars-avril.

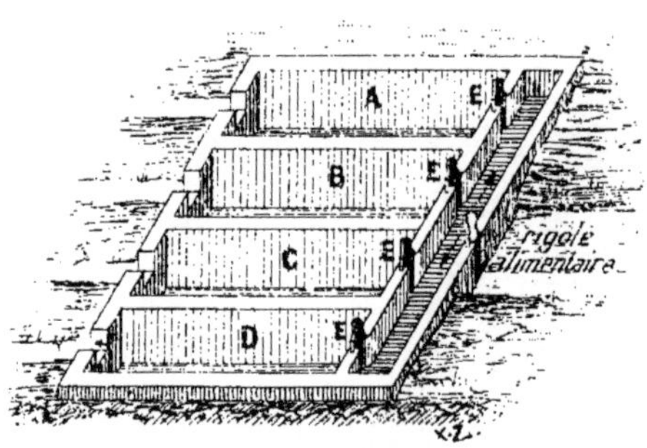

FIG. 6. — ROUTOIR A EAU DORMANTE EMPLOYÉ EN ALLEMAGNE.

A, B, C, D, *compartiments du routoir se remplissant d'eau à l'aide de la rigole alimentaire et des éclusettes E. L'eau dans les compartiments est à une hauteur constante.*

Les routoirs ou réservoirs dans lesquels on met le lin sont plus ou moins longs : ils sont établis dans des fosses en terre, rarement en maçonnerie en France, plus fréquemment en Allemagne (fig. 6).

L'eau doit être claire autant que possible, *non ferrugineuse* : on prend, si possible, de l'eau à la rivière ou de l'eau de pluie.

En Belgique on y jette des branches d'aulne ou des fleurs de coquelicot, qui donnent une belle teinte bleue. Les fossés de Belgique ont de 3 à 5 mètres de largeur.

Les bottes sont placées comme les gerbes dans une grange, les racines vers les parois : quelquefois les bottes sont placées verticalement pour aider à l'échappement des gaz, mais le rouissage est alors moins uniforme. Les bottes sont recouvertes de paille, puis de boue prise dans le fossé : on charge de manière que le lin flotte entre deux eaux.

Il est nécessaire de vérifier fréquemment l'état du rouissage.

La durée est variable, de six à douze jours. On laisse égoutter douze heures et on fait sécher. Encore plus que dans le système précédent, il est indispensable d'arrêter le rouissage s'il survient un orage: les praticiens ont remarqué que la cellulose est alors attaquée et détruite à l'extérieur des bottes, l'intérieur n'étant pas roui: on finit alors sur terre.

La filasse obtenue est souple, moelleuse, soyeuse, de teinte bleuâtre, d'un blanchiment facile: la teinte est très foncée si les eaux sont corrompues, difficilement renouvelables.

22. Rouissage sur terre. — Le rouissage à la rosée qu'on appelle encore *rorage*, *rosage*, *sereinage*, consiste à exposer le lin pendant un certain temps à l'action simultanée de la rosée, de l'air et du soleil.

On étend le lin bien sec sur des chaumes de céréales, des prés ou du trèfle, en août, septembre et quelquefois octobre: les lins *rouis au mois de mars* sur trèfle sont plus blancs, de meilleure qualité.

Une bonne pluie, au début, est nécessaire, sinon il faut arroser.

On le retourne fréquemment avec de longues perches.

Il dure parfois très longtemps, jusqu'à deux mois, en moyenne trois semaines.

Ce procédé est moins coûteux que les précédents, le lin se travaille facilement, mais la filasse donne du déchet: de plus, le lin est moins solide.

Le rendement moyen en filasse est de 17 à 18 pour 100 du lin en paille.

23. Rouissage à terre et à l'eau. — Le rouissage à terre et à l'eau s'emploie rarement.

Le lin arraché *est étendu sur la terre* pour le sécher: on le retourne de temps en temps, surtout après les pluies. Après séchage complet, les bottes, liées sur les deux bouts, sont mises sur l'eau et on retourne tous les deux jours.

24. Rouissage des lins versés. — Les lins versés donnent par le rouissage ordinaire des *lins noirs* de peu de valeur, rendant très aléatoire cette culture par les années humides.

M. Vallet-Rogez préconise pour tous les lins, mais spécialement pour les lins versés un procédé qu'il qualifie de *rouissage agraire* et qui consiste à faire rouir le lin versé sur place dès la récolte par le rorage, opération qui dure 15 à 20 jours. C'est donc le rouissage à la rosée du lin vert et non battu.

La filasse est meilleure, on peut quand même utiliser la graine qui n'a guère perdu de sa valeur.

CHAPITRE IV

TEILLAGE

25. — *Le teillage est une opération qui consiste à séparer la partie filamenteuse ou* filasse du lin *de la partie ligneuse de cette plante.*

Un bon teillage doit donner le plus possible de filasse, bien purgée de paille et le moins de déchet.

Le teillage à la main est encore le plus fréquemment employé: le teillage mécanique ne donne généralement pas une filasse d'aussi bonne qualité.

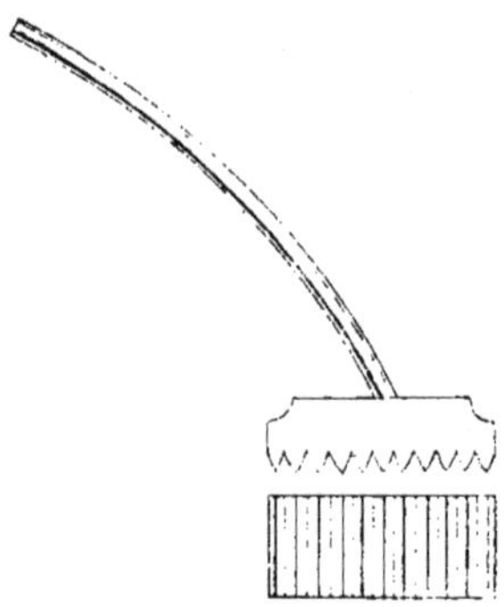

Fig. 7. — Macque pour le broyage du lin.

Dans certaines localités de Hollande et même dans quelques régions de France (Vendée), on fait sécher le lin au feu ou dans des fours de boulangerie avant le teillage. Il ne faut pas alors chauffer à une forte température, qui roussit le lin et l'altère: l'acide pectique agglutine les fibres qu'il est alors difficile de séparer au teillage, la filasse est plus dure, cassante, manque de brillant et de solidité. Si le chauffage artificiel est nécessaire, ne pas dépasser 40°.

Dans les exploitations rurales le teillage ne comprend ordinairement que les deux opérations suivantes :

1° *Broyage:*

2° *Teillage proprement dit ou écanguage.*

26. I. **Broyage.** — Le broyage, encore appelé *maillage* ou *macquage*, a pour but de briser la paille et de détacher des fibres les plus gros fragments de tige: il se fait avec la *macque* ou avec la *broie*.

La *macque* (fig. 7), employée dans les départements du nord, est un maillet cannelé, en noyer, muni d'un long manche. L'ouvrier divise la gerbe en poignées qu'il développe, le pied du lin formant une sorte d'éventail, et il place le pied sur la tête des tiges : il frappe d'abord le pied, puis la pointe, enfin le milieu des tiges.

Dans le nord-ouest de la France, on emploie surtout la

FIG. 8. — BROYAGE A L'AIDE DE LA BROIE.

broie (fig. 8), qui est formée principalement de deux fortes planches : l'une porte deux ou trois rainures ou mortaises,

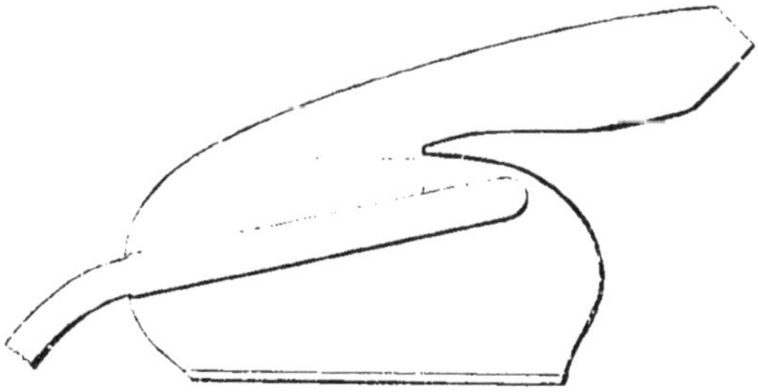

FIG. 9. — ÉCANG.

l'autre le même nombre de saillies, lames de bois (renforcées de fer pour le chanvre).

Dans certaines exploitations, le broyage se fait *mécaniquement*, à l'aide de broyeuses, ou moulins à cylindre, formées principalement d'une série de doubles cylindres cannelés de plus en plus finement et de plus en plus rapprochés.

27. II. *Teillage proprement dit ou écanguage.* — Le teillage proprement dit ou écanguage, encore appelé *espadage*, a pour

FIG. 10. — ÉCANGUAGE DU LIN.

but de débarrasser complètement les tiges broyées des débris de *chènevotte* ou *équins*.

On se sert ordinairement de l'*écang* ou *espadon*, ou *écouche* (fig. 9).

L'écang est une sorte de hachoir, plat et mince, muni d'une tête qui sert à lui donner de la volée, le manche est très court : il est généralement en noyer, épais d'environ 5 millimètres, pèse 500 à 600 grammes.

Le lin se place sur la *planche à écanguer* ou *poisset* (fig. 10), d'environ $1^m,40$ de haut sur $0^m,35$ de largeur et 3 à 4 centimètres d'épaisseur, munie d'un pied horizontal très épais. Le poisset porte, à $0^m,80$ de hauteur, une échancrure dans laquelle l'ouvrier place la poignée de filasse qu'il a préalablement froissée entre ses mains : il frappe ensuite verticalement, surtout en frottant ou glissant, en retournant la poignée avec la main gauche.

Certains ouvriers tendent une courroie à $0^m,50$ de hauteur

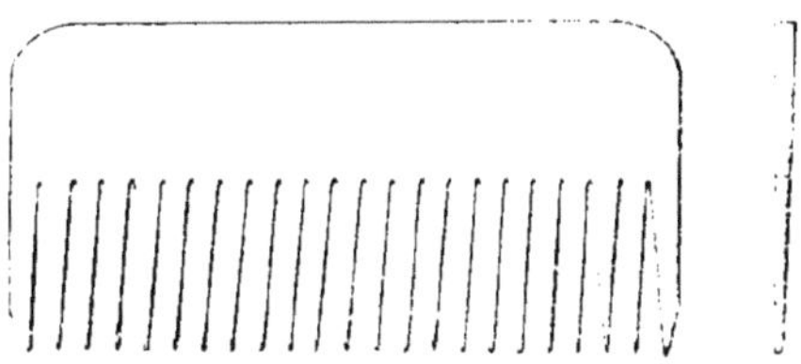

FIG. 11. — PEIGNE.

pour arrêter l'écang qui se relève par contre-coup et évite de frapper les jambes.

L'écang n'enlève pas toute la chènevotte et ne donne pas toute la souplesse désirable. On finit avec des outils accessoires.

Un peigne en bois doux sert à nettoyer les têtes de lin, où les chènevottes sont plus adhérentes (fig. 11).

Le dernier outil est une sorte de couteau, appelé *racloir*

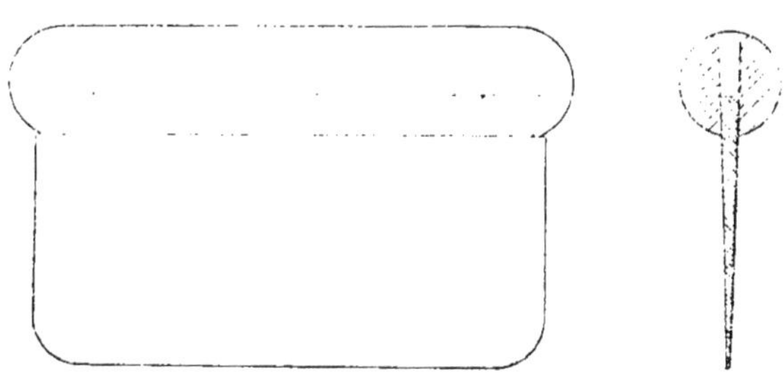

FIG. 12. — RACLOIR.

(fig. 12), à lame non tranchante, qui sert à assouplir la filasse. L'ouvrier, muni d'un tablier de cuir sur lequel est appliquée la filasse, passe le racloir à diverses reprises, pour la polir et la rendre brillante.

En Belgique et en Hollande, l'écanguage se fait mécaniquement à l'aide du *moulin flamand* ou *moulin à teiller*. Il comprend principalement une roue à six branches ou plus portant des couteaux à écang en bois : les branches arrivent sur le poisset et frappent la filasse.

Trois personnes sont nécessaires pour ce travail :

1° Un homme qui fait tourner la machine ;

2° Un ouvrier habile qui place le lin sur le poisset ;

3° Une femme ou un enfant qui avance les poignées.

28. Rendement en filasse. — Il est très variable suivant les

FIG. 13. — TEILLEUSE OU MOULIN A TEILLER.

années et les régions : on obtient en moyenne 18 à 20 pour 100 du poids du lin roui.

En 1901, la statistique officielle accusait :

Pour le Nord.	2434	kilog. de filasse et	753	kilog. de graine.
Pour le Pas-de-Calais . . .	1165	—	607	—
Moyenne pour la France. .	1002	—	619	—

Cette année était exceptionnelle et on considère comme bonne une moyenne de 800 kilogs. Le prix de la filasse est très variable : il était élevé en 1905 où les exportations russes avaient diminué : 100 à 150 francs les 100 kilogs.

Les chènevottes sont souvent employées mélangées à des argiles ou à du plâtre pour faire les plafonds et les enduits de murs ; les boulangers s'en servent pour chauffer le four pour une seconde fournée ; les fumeurs du Nord aiment allumer leur pipe dans un vase en cuivre (*couvet*) contenant des chènevottes.

Les déchets de teillage ou étoupes sont ordinairement pour les ouvriers.

29. Usages de la filasse. — La filasse ordinaire sert à faire les toiles de ménage, le fil à coudre : la filasse plus fine sert à fabriquer les dentelles (Bruges, Valenciennes), les batistes (mouchoirs de Cholet, de Cambrai).

N. B. — Le Comité linier de France, 6, rue Faidherbe, à Lille, fait un pressant appel aux agriculteurs pour les engager à semer du lin, en remplacement partiel des betteraves, dont les conditions économiques des dernières années ont motivé la diminution d'emblavements.

Les lins russes manquant en partie, nos filatures ont failli être privées de textiles : le Comité linier organise des concours portant surtout sur les essais de *graines nouvelles et choisies* et sur *les engrais*, deux points essentiels.

Nous engageons les liniculteurs à se mettre en rapport avec M. Debièvre, secrétaire du Comité linier, qui nous a donné d'utiles conseils pour l'exécution de notre petit travail.

30. Travail manufacturier de la filasse. — Les nombreuses machines (teilleuses-peigneuses) qui fonctionnent en France et surtout en Angleterre pour le teillage, ne donnent pas des produits aussi satisfaisants que ceux obtenus par le teillage à la main ; là où les machines se sont implantées, cela est dû surtout à une question de main-d'œuvre.

Le teillage agricole, supérieur, peut donc rendre de grands services aux ouvriers ruraux, pendant l'hiver, en leur évitant une partie du chômage.

Opérations manufacturières. — Elles comprennent principalement le *peignage*, le *cardage*, l'*étalage*, l'*étirage*, le *filage en gros ou préparation*, le *filage en fin*, le *numérotage du fil*.

Le peignage se fait très rarement à la main, le plus ordinairement avec des peigneuses. On obtient des *longs brins* et deux sortes de déchets : les *étoupes* (30 à 40 %) et les ordures ou corps étrangers (5 à 6 %).

Les étoupes sont ensuite cardées, puis les longs brins et les étoupes passent par une série de machines de préparation : table à étaler, deux ou trois étirages, banc à broches, métier à filer à sec ou à l'eau chaude.

On file à sec les fils communs et grossiers dont la finesse ne dépasse pas le n° 25.

Les métiers à eau chaude servent aux fils dépassant le n° 25. Les numéros 25 anglais correspondent à 15 000 mètres de fil au kilogramme, les numéros les plus fins, 400 anglais, à 240 000 mètres au kilogramme, soit 600 mètres par numéro.

LE CHANVRE

CHAPITRE V

CULTURE DU CHANVRE

31. Importance. — Le chanvre[1] était cultivé dans nos régions avant l'ère chrétienne : on le croit originaire d'Asie.

Les fibres ont des parois moins épaisses que celles du lin : le canal central, régulier, atteint les deux tiers du diamètre de la fibre ; elles présentent des stries longitudinales et transversales (fig. 14) : les fibres laissent facilement détacher des fibrilles.

Cette culture, comme celle du lin, a perdu beaucoup de son importance dans tous les pays.

Les surfaces cultivées en France étaient environ :

En 1840.	68.000	hectares donnant	368.000	quintaux de filasse.
1881.	60.000	—	331.500	—
1892.	44.000	—	294.200	—
1901.	25.800	—	200.000	—

Les départements s'adonnant le plus à la culture du chanvre étaient, en 1901 : la Sarthe (5961 hectares), le Morbihan (2558 hectares), le Maine-et-Loire (2553 hectares), la Haute-Vienne (1469 hectares), puis viennent le Finistère, la Creuse, les Côtes-du-Nord.

Fig. 14. Fibres de chanvre. *Grossissement : 300 fois (d'après Lecomte).*

Les primes de 2 500 000 sont distribuées au chanvre comme au lin : depuis 1904 elles ne peuvent dépasser 60 francs par hectare.

On remarque que si les surfaces cultivées ont diminué, le rendement en filasse a augmenté : la culture est plus rationnelle.

32. Caractères botaniques. — Le chanvre (fig. 15) est une plante annuelle, à racine longue, pivotante.

La tige, de longueur variable suivant les

1. Pour les botanistes, *Cannabis sativa* : on le range dans la famille des *Cannabinées*, voisine des *Urticées*.

variétés et le sol, est ramifiée si elle a beaucoup d'espace, simple si elle est en semis serré ; les feuilles sont opposées

Fig. 15 — Pied de chanvre.

vers le bas, digitées, découpées en cinq ou sept folioles dentées en scie.

Les fleurs mâles et les fleurs femelles du chanvre sont portées par des pieds différents (fig. 15). Les fleurs mâles, disposées en grappe, terminent la tige et portent 5 étamines ; les fleurs femelles, se trouvent à l'aisselle des feuilles ; l'ovaire est à deux loges, mais ne contient qu'un ovule qui se transformera plus tard en graine.

Le fruit ne s'ouvre pas et ne contient qu'une graine : on l'appelle *chènevis*.

Il est à noter que les sujets mâles (chanvre mâle) sont plus hauts et sont souvent appelés chanvre femelle par les cultivateurs ; les sujets femelles sont plus petits et appelés pieds

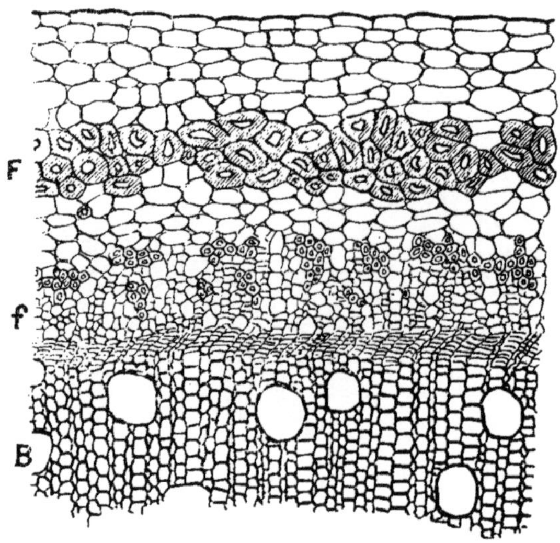

Fig. 16. — Une partie de la section transversale d'une tige de chanvre vue au microscope.

B, *bois* ; F *et* f, *fibres* (*d'après Lecomte*).

mâles. On a remarqué aussi qu'il y a beaucoup plus de pieds femelles, environ le double des pieds mâles.

Coupe de tige. — Les fibres sont d'origine primaire et d'origine secondaire, elles sont réunies en grand nombre pour former de gros faisceaux.

Leur longueur moyenne est d'environ 30 millimètres et leur diamètre moyen de $0^{mm},02$; leur couleur est blanc jaune.

La filasse est plus grossière que celle du lin : elle varie d'ailleurs avec la variété comme le montre la coupe transversale ci-contre (d'après Lecomte) (fig. 17).

33. Variétés. — On cultive trois variétés principales de chanvre :

1° Le *chanvre ordinaire*, qui atteint $1^m,50$ à 2 mètres ;

2° Le *chanvre de Piémont ou de Bologne*, haut de 3 à 4 mètres ;

3° Le *chanvre de Chine*, atteint jusqu'à 6 à 7 mètres en Algérie, où il donne une belle filasse, très résistante : il demande des terres très riches des régions méridionales.

Le chanvre indien donne divers produits doués de propriétés

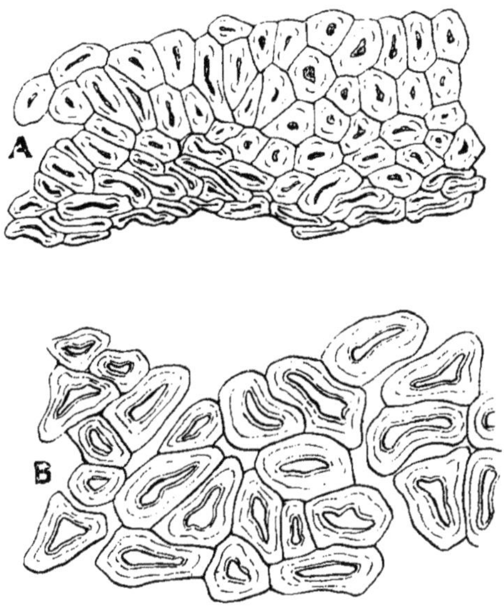

FIG. 17. — SECTIONS TRANSVERSALES DE FAISCEAUX VUES AU MICROSCOPE. A, *chanvre de Bologne* ; B, *chanvre de Russie*. — *Grossissement : 300 fois* (*d'après Lecomte*).

enivrantes, comme le *haschish* des Arabes, narcotique stupéfiant qu'on retire des feuilles et des sommités florales.

34. Sols. — Le chanvre est très accommodant sous le rapport du climat, bien que préférant des contrées à atmosphère assez humide.

C'est une plante qui aime les alluvions, les terres de consistance moyenne, profondes, fertiles et fraîches : il réussit très bien dans les vallées à sol sablo-argileux.

35. Rotation. — En grande culture, il vient ordinairement après un blé, du colza, du trèfle, plus rarement après une plante sarclée.

En petite culture, et en sols bien fumés, on le rencontre souvent dans des enclos, terres riches où le chanvre se succède pendant plusieurs années sans que les rendements diminuent : ces terres sont appelées *chenevières*.

36. Préparation du sol. — Comme pour le lin, la préparation doit être très soignée.

Après déchaumage, on donne un ou deux labours avant l'hiver, dont l'un pour enfouir le fumier.

Au printemps, on pratique un labour léger, suivi d'un scarifiage ou de hersages pour ameublir complètement le sol.

37. Engrais. — Une récolte de chanvre enlève en moyenne par hectare, d'après M. Garola :

Azote	114	kilogrammes.
Acide phosphorique	65	—
Potasse	148	—
Chaux	345	—

La végétation du chanvre est assez rapide, et, comme on le voit, très exigeante au point de vue des fumures. Le chanvre est très avide d'azote, de potasse et de chaux dans les deux premiers mois de sa végétation : il assimile dans cette courte période tout ce qui lui est nécessaire en azote et en potasse : l'absorption de l'acide phosphorique et de la chaux continue jusqu'à la floraison. Il faut donc au chanvre un sol largement pourvu d'éléments très assimilables dès le départ de la végétation.

L'azote sera fourni par le nitrate de soude, le sulfate d'ammoniaque, le sang desséché, etc.

L'acide phosphorique par les scories de déphosphoration, le superphosphate de chaux, les superphosphates d'os, les phosphates précipités, etc.

La potasse par le sulfate de potasse, le chlorure de potassium, la kaïnite, etc.

Quantités d'engrais à employer. — Les quantités d'engrais à employer sont évidemment variables, suivant la richesse du sol.

Dans un sol de fertilité moyenne, on peut employer comme fumure :

Superphosphate de chaux	300 à 400 kilog.	mis en terre pendant l'hiver.
Chlorure de potassium	150 kilogrammes	
Nitrate de soude	150 —	répandus au printemps.

Si l'on a à sa disposition du fumier, il vaut mieux employer la fumure mixte suivante :

Fumier de ferme bien décomposé	20,000 kilogrammes	mis avant l'hiver.
Superphosphate de chaux	150 à 200 kilog.	répandus pendant l'hiver.
Chlorure de potassium	80 kilogrammes.	
Nitrate de soude	80 —	répandus au printemps.

Dans les sols pauvres, les quantités d'engrais complémentaires seront augmentées.

Superphosphate de chaux	600 kilogrammes.
Chlorure de potassium.	300 —
Nitrate de soude.	250 —

Certains praticiens recommandent l'emploi du sel marin (150 à 200 kilogs. par hectare) comme augmentant le rendement et la qualité de la filasse.

38. Semailles. — ***Époque.*** — Le chanvre, craignant beaucoup les gelées printanières, ne se sème généralement que fin avril ou commencement de mai, parfois même plus tard, jusqu'en juin. Les semis hâtifs sont à préférer parce qu'ils donnent une filasse de meilleure qualité; on sème un peu tard dans les terres froides.

Graine. — La graine employée doit provenir autant que possible de semis très clairs, avoir une belle couleur grise, être bien brillante, ce qui indique qu'elle a été bien récoltée, n'avoir pas plus de deux ans. Il est toujours bon de s'assurer de sa faculté germinative.

Quantité à semer. — La quantité de graine à employer varie avec le produit que l'on veut obtenir.

Lorsqu'on veut obtenir une filasse fine pour filature (toile de ménage), on seme très dru et alors on emploie de 250 à 400 litres de graine par hectare.

Les terres riches, toutes choses égales, demandent moins de graine.

Lorsqu'on veut obtenir de la graine et une filasse grossière pour cordages, 150 à 200 litres sont très suffisants : les tiges sont alors tres ramifiées.

Les semis se font ordinairement à la volée, rarement au semoir, par un temps calme.

La semence est enterrée au râteau ou par deux hersages croisés; on est souvent obligé de faire surveiller le champ par des enfants pour empêcher que les oiseaux, très friands de chènevis, ne viennent le manger.

39. Soins d'entretien. — Le chanvre lève très vite, pousse rapidement et se défend très bien contre les mauvaises herbes, surtout lorsqu'il a été semé dru; les sarclages sont rarement nécessaires, sauf dans les sols peu fertiles où l'on pratique un sarclage et même parfois un binage.

40. Ennemis et maladies du chanvre. — Les chènevières sont parfois envahies par l'*orobanche rameuse* et la *cuscute*.

N'employer que les graines bien tararées et brûler les pieds d'orobanche arrachés après la récolte et dont les capsules ne sont pas encore mûres.

Pour la cuscute, on opère comme pour le lin : arracher, brûler, traiter au sulfate de fer ou au sulfure de calcium en poudre.

Les limaces sont à craindre comme pour le lin dès la levée : rouler (rouleau en bois), cendres, chaux vive, sel marin.

La larve du hanneton, la chenille de la pyrale et celle de la Plusia gamma attaquent parfois le chanvre.

Le chanvre craint les vents violents, ce qui le fait souvent semer dans des enclos abrités.

41. Récolte. — La récolte se fait ordinairement en deux fois. *La première récolte*, qui s'effectue fin juillet ou dans le commencement du mois d'août (après disparition du pollen), comprend les *pieds mâles* et contient la filasse la plus fine : l'arrachage se fait en ayant soin d'éviter d'endommager les pieds femelles.

La deuxième récolte comprend les pieds à fleurs femelles (appelés à tort pieds mâles), plus petits : elle se fait 3 ou 4 semaines après la première : faite plus tôt, la filasse est plus fine : mais comme on tient aussi à la graine, on laisse mûrir davantage et on attend que les graines de l'extrémité de la tige prennent une teinte jaunâtre.

Si la récolte est trop tardive les tiges sont rougeâtres et deviennent presque noires à la maturité : la filasse sera sans souplesse et sans résistance.

L'arrachage se fait à la main : ou bien on coupe à la faucille ou à la serpe, surtout lorsqu'il s'agit de grands chanvres.

On récolte parfois d'un seul coup, mais l'opération est à déconseiller : la filasse n'est pas uniforme, souvent mauvaise.

Les tiges sont mises en petites bottes pour sécher, liées avec de la paille de seigle, mises en moyettes qu'on couvre de paille pour protéger les graines contre les oiseaux : on laisse ainsi sécher jusqu'à ce que les graines aient complété leur maturité.

Au bout d'environ 15 jours on bat le chanvre femelle ; la graine à semer est récoltée sur les pieds mûrs, bien isolés ; les graines récoltées en Anjou sont très recherchées, provenant souvent de chanvre du Piémont.

Parfois même, on fait des semis très écartés qui donnent des plants très ramifiés, qu'on laisse complètement mûrir, et on obtient ainsi des graines de toute première qualité.

42. *Égrenage*. — Il se fait en frappant les tiges sur un tonneau, ou bien on les passe au peigne, mais le plus souvent on les bat à la gaule, qui est préférable au fléau parce que la graine n'est pas écrasée.

Les graines bien séchées, tararées, sont mises à l'abri des rongeurs et remuées de temps en temps pour éviter un échauffement qui détruirait leurs qualités germinatives.

43. *Rendement.* — Le rendement en *tiges sèches* est très variable ; en France la moyenne est de 4000 à 5000 kilogrammes de tiges sèches donnant au teillage un rendement moyen de 25 pour 100.

Le produit en graine est aussi variable, selon les terrains et l'époque de la récolte : il peut aller de 200 à 1000 kilogrammes par hectare, parfois même se réduire à néant. L'hectolitre pèse 50 à 53 kilogrammes.

La production moyenne pour la France en filasse est d'environ 700 kilogrammes (776 kil. en 1901) : elle a augmenté, comme pour le lin, au fur et à mesure de la diminution des emblavements (575 kil. en 1862) : en graine la production moyenne a été de 323 kilos en 1901 et de 400 kilos par la période décennale 1892-1901.

Prix moyen de la graine : 30 francs les 100 kilogrammes.

Prix moyen de la filasse : 70 francs les 100 kilogrammes en 1901 ; il avait augmenté de plus de moitié en 1905 (guerre russo-japonaise).

La graine de chanvre (chènevis) s'emploie pour la nourriture des volailles et des oiseaux de volière.

On en extrait une *huile siccative* qu'on emploie pour l'éclairage, la préparation de certaines peintures et la fabrication des savons ; le rendement moyen en huile est de 27 pour 100.

Le résidu des huileries : tourteau de chanvre est utilisé comme engrais, parfois aussi dans la nourriture des porcs qu'il fait dormir.

Sa composition moyenne est la suivante :

	Pour 100 kilogrammes.
Matières protéiques	20,8 kg.
Matières amylacées	17,3 —
Cellulose	24,7 —
Matières grasses	8,5 —
Eau	11,0 —
Cendres	7,8 —
Acide phosphorique	1,90 —
Potasse	1,35 —

CHAPITRE VI

ROUISSAGE

44. — Le rouissage a pour but de débarrasser les faisceaux de fibres du ciment pectique qui les agglutine.

La destruction de ce ciment pectique, comme pour le lin, se fait par une série de fermentations que l'on peut obtenir dans l'eau des rivières, des ruisseaux, des mares ou encore à terre (sur pré) sous l'action de la rosée, de l'air et du soleil. De là, comme pour le lin plusieurs procédés de rouissage :

Le rouissage à l'eau courante,

Le rouissage à l'eau dormante ou stagnante,

Le rouissage sur terre (sur pré) ou rouissage à la rosée.

Les tiges de chanvre, de grosseur très variable, subiraient un rouissage très inégal : on est donc conduit à les trier d'après leur diamètre. On en fait généralement trois catégories : grosses, moyennes, fines et on enlève les racines et les extrémités de tiges qui ne donnent que des déchets.

Le diamètre des bottes est variable, de 20 à 30 centimètres, en moyenne 25.

Le rouissage du chanvre est encore moins compliqué que celui du lin, qui laisse déjà souvent à désirer.

45. Rouissage à l'eau courante. — Le rouissage à l'eau demi-courante est le plus pratiqué; les procédés employés rappellent ceux en usage pour le lin.

Ordinairement les bottes de chanvre sont couchées les unes à côté des autres, en sorte de radeau; au-dessus on met une deuxième couche en sens inverse et ainsi de suite : l'épaisseur varie avec la couche d'eau : le radeau est maintenu fixe avec des planches ou des perches : on le charge de pierres pour submerger complètement.

Les piles de chanvre sont avantageusement placées sur des piles de bois disposées en croix, qui évitent le contact avec le fond de la rivière.

L'opération dure de 5 à 8 jours en été et de 10 à 12 jours en septembre ou octobre; le chanvre femelle est un peu plus long à rouir (12 à 15 jours). les chanvres rouis en août sont dits *rouis en vert* (chanvre mâle).

Dans quelques contrées, le rouissage se fait comme pour le lin, dans des caisses à claire-voie (ballon) : on place alors les bottes verticalement, les têtes en haut parce qu'elles sont plus difficiles à rouir; la température de l'eau étant plus élevée à la surface le rouissage est ainsi plus uniforme.

46. Rouissage à l'eau stagnante. — Le rouissage à l'eau stagnante est plus rapide que celui à l'eau courante : les filasses obtenues blanchissent rapidement mais sont de moins bonne qualité.

47. Rouissage à la rosée. — Le rouissage se fait rarement sur le pré à la rosée, comme pour le lin.

Les observations relatives aux caractères des lins rouis par différents systèmes sont applicables aux chanvres.

48. Séchage. — Le chanvre roui est mis à sécher d'abord debout pour lui faire reprendre toute sa rigidité, on l'étend

FIG. 18. — SÉCHAGE DU CHANVRE.

ensuite sur un chaume de céréale ou un pré et on retourne au moins une fois.

Dans les petites exploitations on le fait sécher dressé le long des habitations, des fossés; ou bien encore on en fait des cahous comme pour le lin (fig. 18).

Souvent on le bottelle au bout de 4 ou 5 jours et on en fait des petites moyettes qu'on couvre de paille.

On a essayé à maintes reprises d'opérer le rouissage chimique du lin et du chanvre : par exemple l'action de l'eau à 32°

pendant 60 heures, celle de la vapeur d'eau, l'emploi des dissolutions alcalines, l'emploi d'une eau très légèrement acidulée (0,25 à 0,5 pour 100 d'acide sulfurique).

FIG. 19.
SCHÉMA D'UNE TOURAILLE POUR HALAGE DU CHANVRE.

Ces divers procédés ne sont pas parvenus à remplacer le vieux système rural pourtant susceptible d'amélioration, tant il est resté peu scientifique.

49. Hâlage. — Il arrive parfois que le séchage au soleil est insuffisant, surtout par les années humides : on pratique alors le séchage dans des fours, ou dans des tourailles, sortes de pigeonniers, chauffés à l'aide d'un brasero contenant du coke ou un autre combustible : à une certaine hauteur on met un cône métallique pour répartir uniformément la chaleur et enfin une toile métallique sur laquelle on met le chanvre (fig. 19).

Comme pour le lin, ce séchage artificiel, donne une filasse moins souple, plus cassante.

50. Bénéfice de la culture. — Il n'est pas facile de l'évaluer, parce qu'en général la vente ne se fait pas en nature comme pour le lin, mais le produit généralement transformé en filasse par l'exploitant pendant l'hiver, ce qui peut rendre cette culture précieuse.

La verse n'étant pas à craindre, si on cultive le chanvre en terres riches, propres, les rendements atteignent le maximum et les frais sont relativement peu élevés.

Si nous comptons, dans ces conditions, en moyenne : 400 kilogrammes de graine valant 120 francs, et 800 kilogrammes de filasse valant 600 francs, cela donne 720 francs à l'hectare.

Les frais de culture et de teillage ne dépassant pas 500 francs, le bénéfice est excellent.

Ces dernières années, les exportations russes ayant diminué fortement et le prix du jute étant très élevé, la filasse de chanvre se vend très bien et la culture en est très rémunératrice.

CHAPITRE VII

TEILLAGE

51. Les opérations sont les mêmes que pour le lin : les outils diffèrent généralement un peu.

Parfois les petits cultivateurs, enlèvent à la main les grosses fibres desséchées du chanvre : ce procédé est très long, donne beaucoup de déchet.

52. Macquage. — Il se fait à l'aide d'un maillet, mais le plus souvent on opère directement le *broyage* à l'aide de la *broie*.

53. Broyage. — La *broie* employée pour le chanvre comprend deux parties principales : un châssis fixe et une mâchoire

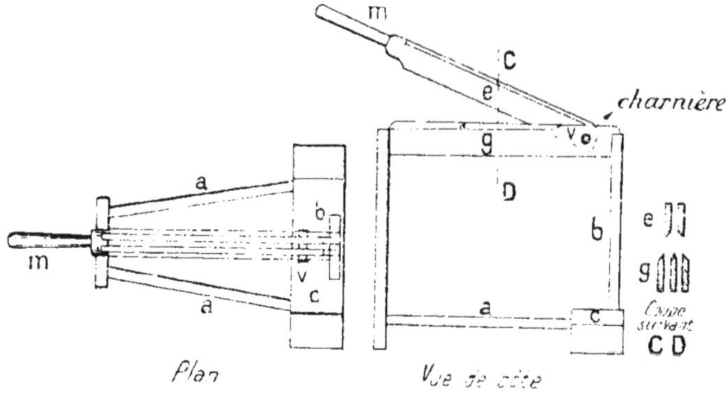

FIG. 20. — BROIE OU BRAIE.

mobile munie d'une poignée, pour faciliter le mouvement de haut en bas, autour de l'extrémité opposée réunie au châssis fixé par une charnière.

La planche supérieure porte ordinairement des saillies recouvertes de tôle de fer, correspondant à des mortaises creusées dans la planche fixe (c'est parfois l'inverse).

Un ouvrier actionne la mâchoire mobile, tandis qu'un aide présente le chanvre en commençant par les pieds, après les avoir mis au même niveau: il finit le travail en présentant les tiges par l'autre extrémité.

On emploie fréquemment dans l'Anjou des broyeurs mécaniques analogues à la broie, ou des machines formées de rouleaux cannelés, comme pour le lin (fig. 20).

Le broyage et surtout le teillage et le peignage des chanvres sont des opérations très pénibles, d'abord à cause des poussières qui se forment, mais très probablement aussi à cause de l'absorption de corps toxiques dont ne seraient pas exempts nos chanvres ordinaires. Ces opérations doivent se faire en plein air ou dans un local bien aéré pour enlever rapidement les poussières.

54. *Teillage proprement dit.* — La filasse obtenue après le broyage est *espadée*, c'est-à-dire râclée avec une sorte de couteau

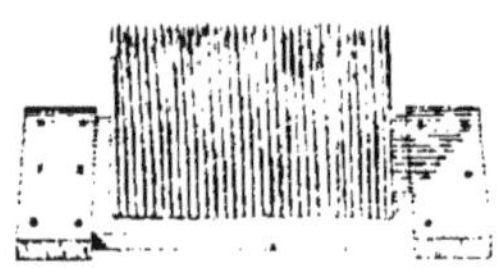

FIG. 21.
SÉRAN OU PEIGNE MÉTALLIQUE POUR PEIGNER LA FILASSE.
(Vue de face.)

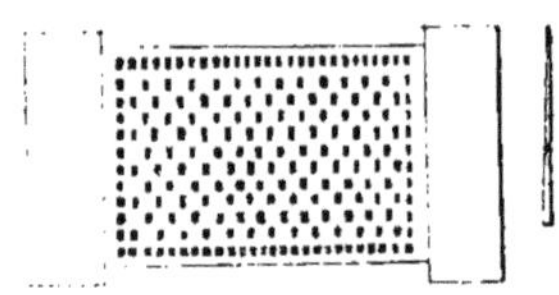

FIG. 22. — SÉRAN.
(Plan.)

en bois qui sert à enlever les débris de chènevottes et de fibres cassées.

La filasse est parfois avant la vente peignée à l'aide de peignes de fer ou d'acier appelés sérans fixés sur une table (fig. 21 et 22).

55. Usages de la filasse. — La filasse la plus fine sert à fabriquer les toiles de ménage: avec les qualités ordinaires on fait du fil, des ficelles, des cordes et cordages: des toiles à voile; sa valeur est variable suivant les années de 60 à 140 les 100 kilogrammes, valeur moyenne 70 francs en 1901.

Les tiges teillées à la main sont utilisées pour fabriquer des allumettes soufrées, très en usage dans le Nord, ou encore du charbon pour la fabrication de la poudre.

Les chènevottes servent surtout à chauffer les fours.

CHAPITRE VIII

QUELQUES TEXTILES EXOTIQUES

Nous ne ferons que citer quelques textiles exotiques, pour indiquer leurs usages.

COTON

56. — Le coton, qui fait tant de concurrence au lin, est formé par les poils qui enveloppent les graines du cotonnier.

On retire des graines une huile comestible, de goût neutre, qui remplace et falsifie souvent les huiles d'olive : les tourteaux, non décortiqués et surtout décortiqués servent à la nourriture du bétail.

Les premiers renferment 25 pour 100 matières azotées ou protéiques.

Les seconds jusque 42 pour 100.

Les poils de coton regardés au microscope présentent l'aspect d'un ruban aplati, contourné sur lui-même.

Fig. 23.
Poils de coton.
Grossissement : 150 fois.
(D'après Lecomte.)

JUTE

57. — *Le jute* est formé de filaments produits par un arbuste d'environ 2 mètres de hauteur (mauve des Juifs ou corette potagère) de la famille des Tiliacées qui croît dans le Bengale, la Chine, etc.

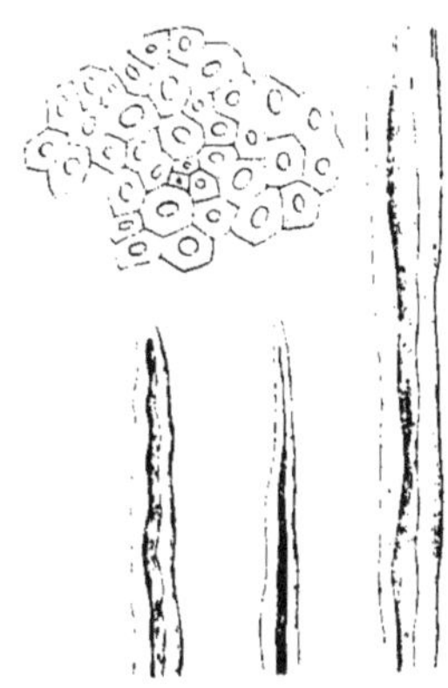

Fig. 24.
Fibres de jute
en section transversale
et en longueur.
Grossissement : 200 fois.

Après rouissage, les fibres donnent une filasse qui remplace le chanvre dans beaucoup de ses usages : cordages, toiles à sacs, emballages, tapis grossiers.

RAMIE

58. — Encore appelé *ortie cotonneuse, china-grass*, la ramie est une plante vivace de la famille des Urticées.

Les fibres sont très longues, forment une filasse fine, souple, dont on fait des tissus brillants, légers, transparents : la filasse beaucoup plus résistante que celle du chanvre ; donne aussi des cordages et des toiles à voile très résistantes.

La filasse s'obtient après deux opérations ; décortication et dégommage.

ALFA

59. — Graminée qui croît en Algérie, dont on utilise quelquefois les feuilles en corderie, à faire des tapis, des tentures et étoffes grossières.

RAPHIA

60. — Les fibres solides que l'on emploie en horticulture proviennent des feuilles d'un palmier du même nom, croissant bien à Madagascar, où on en fait quelquefois des tissus.

Les fibres résistent mieux à la pourriture si on les fait tremper pendant au moins 24 heures dans de l'eau contenant 1 à 2 pour 1000 de sulfate de cuivre.

Le *crin végétal* qui remplace souvent le crin animal provient du palmier nain qui pousse en Algérie.

Le *chanvre de Manille* est une filasse qu'on retire du bananier qui croît aux Philippines : on en fait des toiles et des cordes, des cordages qui remplacent le chanvre : la ficelle pour moissonneuses-lieuses est souvent en chanvre de Manille.

Il existe un grand nombre d'autres plantes exotiques donnant des fibres qui peuvent remplacer le chanvre (*phormium tenax*, agavé, aloès, ortie, tilleul) : nous n'en parlons que pour mémoire.

LE KAPOK

Le kapok est une bourre, ou duvet soyeux entourant les graines (sans y adhérer) du fruit de certains arbres[1] de la Malaisie, du Soudan. Il est formé de poils de longueurs différentes (1 centimètre et demi à 3 centimètres). Ces poils sont enchevêtrés les uns dans les autres formant une masse blanchâtre. Leur peu de longueur et leur élasticité les rend impropres au filage.

Le kapok est employé pour fabriquer des coussins, des matelas, qui jouissent de la propriété de résister beaucoup au tassement et de reprendre leur volume primitif par une simple exposition au soleil.

---

1. Des Bombax, l'*Eriodendron anfractuosum*, notamment.

CHAPITRE IX

DÉTERMINATION DES FIBRES D'UN TISSU

61. — La recherche des fibres d'un tissu n'est pas toujours chose facile et il est ordinairement nécessaire de recourir à l'examen microscopique que l'on complète par l'analyse chimique (fig. 25).

Toutefois, pour rechercher si un tissu de laine ou de soie renferme des fibres végétales, on en prend un morceau et on

A B C

FIG. 25. — A, *laine*; B, *lin*; C, *soie*.

présente à une flamme les fibres séparées. Les fibres végétales (lin, chanvre, coton) brûlent rapidement avec une flamme vive, en laissant très peu de résidu, de la forme du fil: les fibres animales brûlent mal, donnent un charbon poreux, boursouflé et on perçoit l'odeur de corne brûlée.

Nous rappellerons encore : 1° que les *fibres animales, surtout la laine, sont seules solubles dans la soude ou la potasse caustiques, à chaud* : 2° que les *fibres animales, chauffées dans un tube à essais, dégagent des vapeurs ammoniacales* bleuissant un papier rouge de tournesol; *les fibres végétales* dégagent des *vapeurs acides* qui rougissent le tournesol bleu.

Pour terminer, nous indiquons ci-dessous la méthode de recherche chimique de M. Pinchon :

On traite par une solution bouillante de soude caustique à 3° Baumé.

- Tout se dissout (fibres animales seulement). — On traite par le chlorure de zinc bouillant.
  - Tout se dissout. L'échantillon ne noircit pas par le plombite de soude. → **Laine.**
  - Une partie se dissout. Noircissement partiel par le plombite de soude. → **Laine et soie.**
  - Rien ne se dissout. Noircissement complet par le plombite de soude. → **Soie.**
- Une partie seulement se dissout. — On traite par le chlorure de zinc bouillant.
  - Une partie se dissout. — On traite par le plombite de soude.
    - Coloration noire, on traite par la soude : une partie se dissout. → **Soie, laine et fibres végétales.**
    - Pas de coloration. → **Soie et fibres végétales.**
  - Rien ne se dissout. — On traite par l'acide azotique.
    - La laine jaunit; les fibres végétales restent blanches. → **Laine et fibres végétales.**
- Rien ne se dissout (fibres végétales seulement).

TABLE DES MATIÈRES

CHAPITRE V

Culture du chanvre.

CHAPITRE VI

Rouissage.

CHAPITRE VII

Teillage.

CHAPITRE VIII

Quelques textiles exotiques.

CHAPITRE IX

Détermination des fibres d'un tissu.

57057. — Imprimerie Lahure, 9, rue de Fleurus, à Paris.

www.ingramcontent.com/pod-product-compliance
Ingram Content Group UK Ltd.
Pitfield, Milton Keynes, MK11 3LW, UK
UKHW021911290826
14628UKWH00020B/1998

9 782329 614250